BEI GRIN MACHT SICH IHR WISSEN BEZAHLT

- Wir veröffentlichen Ihre Hausarbeit, Bachelor- und Masterarbeit

- Ihr eigenes eBook und Buch - weltweit in allen wichtigen Shops

- Verdienen Sie an jedem Verkauf

Jetzt bei www.GRIN.com hochladen und kostenlos publizieren

Daniel Klink

Vergleich von Siemens LOGO! und Moeller easy für den Einsatz in der Haupt- und Realschule

GRIN Verlag

Bibliografische Information der Deutschen Nationalbibliothek:

Die Deutsche Bibliothek verzeichnet diese Publikation in der Deutschen National-
bibliografie; detaillierte bibliografische Daten sind im Internet über http://dnb.d-
nb.de/ abrufbar.

Impressum:

Copyright © 2008 GRIN Verlag GmbH
Druck und Bindung: Books on Demand GmbH, Norderstedt Germany
ISBN: 978-3-640-22265-0

Carl von Ossietzky Universität Oldenburg
Institut für Ökonomische und Technische Bildung

Bachelorstudiengang:
Zwei-Fächer-Bachelor
Technik / Ökonomische Bildung

BACHELORARBEIT

Titel:
Vergleich von Siemens LOGO! und Moeller easy für den Einsatz in der Haupt- und Realschule

vorgelegt von:

Daniel Klink

Inhaltsverzeichnis

Vorwort

Ziel dieser Arbeit soll sein die beiden Marktführer im Bereich Kleinsteuerungen, Siemens LOGO! und Moeller easy, auf Unterrichtstauglichkeit zu untersuchen.

Da ich im Rahmen meines Studiums im Fach Technik in mehreren Veranstaltungen der Automatisierungstechnik die beiden Steuerungen kennengelernt habe, will ich in dieser Arbeit anhand von mir erstellten Kriterien diese beiden Systeme vergleichen, um eine Empfehlung abgeben zu können, welches System in der Schule eher Verwendung finden könnte. In den von mir besuchten Veranstaltungen erhielt ich darauf keine Antwort und so entschloss ich mich diese Frage in meiner Bachelorarbeit zu behandeln.

Während meines ersten Schulpraktikums nutzte ich die Gelegenheit mit Kollegen über den Einsatz von Kleinsteuerungen im Unterricht zu sprechen. Sie hielten dies für durchaus möglich. Das bestärkte mich darin, dieses Thema zu verfolgen.

Verfasser: Daniel Klink

1. Einleitung

Diese Arbeit ist gegliedert in sechs Kapitel, die sich wie folgt aufteilen:

Die Arbeit beginnt mit einer kurzen Einführung in das Thema und die Geschichte der Speicherprogrammierbaren Steuerungen. Daran anschließend wird im Kapitel zwei die Siemens LOGO! mit ihren Funktionsweisen, Modellvarianten etc. vorgestellt. In Kapitel drei wird dann gleichermaßen die Moeller easy vorgestellt. Im vierten Kapitel werden für den schulischen Einsatz maßgebliche Kriterien entwickelt, um die beiden Systeme miteinander vergleichen zu können.

Um die beiden Kleinsteuerungen hinsichtlich ihrer Unterrichtstauglichkeit vergleichen und bewerten zu können, stelle ich im fünften Kapitel eine von mir entwickelte Unterrichtseinheit vor. Auf Basis dieser Unterrichtseinheit und der aufgestellten Kriterien werden die Systeme im Punkt sechs verglichen und die Kriterien im Hinblick auf Schule gewichtet, so dass am Ende der Arbeit eine Aussage getroffen werden kann, welches System eher für die Schule geeignet ist.

1.1 Entwicklungsgeschichte der SPS

Die in dieser Arbeit vorgestellten Kleinsteuerungen Siemens LOGO! und Moeller easy sind in ihrer Funktion und Anwendung ähnlich den größeren Speicherprogrammierbaren Steuerungen, kurz SPS. Nachdem die ersten SPS zu Beginn der 70er Jahre des 20. Jahrhunderts auf den Markt kamen, setzten die SPS zu einem Siegeszug an. Auf der Hannover Messe 1979 stellte die Firma Siemens die erste Variante ihrer, heute noch bekannten, SPS Simatic vor (Eisenbeiss, 2008, S. 56f.). Heutzutage finden sich SPS Anwendungen in fast allen industriellen Bereichen. Sie haben aufgrund ihrer größeren Flexibilität und des geringeren Aufwands an Material die verbindungsprogrammierte Steuerung weitgehend abgelöst. Für kleinere Anwendungen im industriellen Bereich, aber auch im privaten Haushalt, wurden in den letzten Jahren kleine Steuerungen entwickelt. Diese sogenannten Kleinsteuerungen haben den Vorteil, dass die Anschaffungskosten im Vergleich zu den gängigen SPS wesentlich geringer sind.

2. Vorstellung von Siemens LOGO!

Im folgenden Abschnitt werden die grundlegenden Modellvarianten von Siemens LOGO! vorgestellt. Hierzu zählen auch die Preise für die Beschaffung der jeweiligen Modelle. Diese Aufstellung wird sich auf die wichtigen Varianten und Zubehörteile beschränken, da eine vollständige Auflistung den Rahmen übersteigen würde. Eine tabellarische Auflistung aller Varianten befindet sich im Anhang. Desweiteren werden die Möglichkeiten zur Programmierung der Siemens LOGO! erläutert.

2.1 Module der Siemens LOGO!

Bei der Siemens LOGO! gibt es Grundmodule für Spannungen von 12V, 24V und 230V. Daneben gibt es noch verschiedene Erweiterungsmodule, um z. B. zusätzliche Ein- und Ausgänge zur Verfügung zu haben. Für die Stromversorgung der 12V und der 24V Variante sind extra Module vorhanden. Die verschiedenen Module werden in den folgenden Unterpunkten vorgestellt.

2.1.1 Grundmodule

Neben der Unterscheidung durch die verschiedenen Betriebsspannungen gibt es noch einen weiteren, optisch sichtbaren Unterschied.

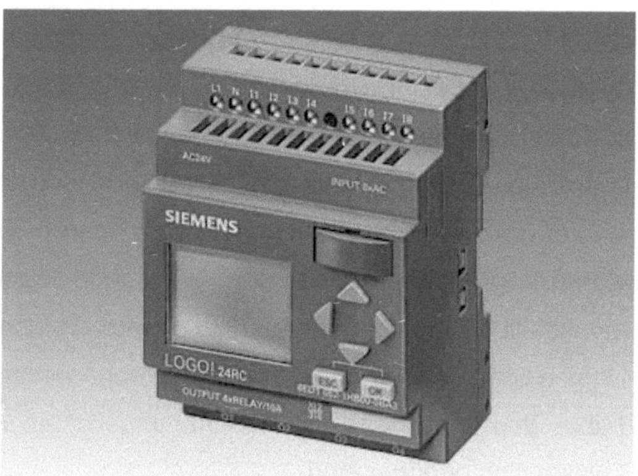

Abbildung 1: Grundmodul mit Display (Siemens, 2008)

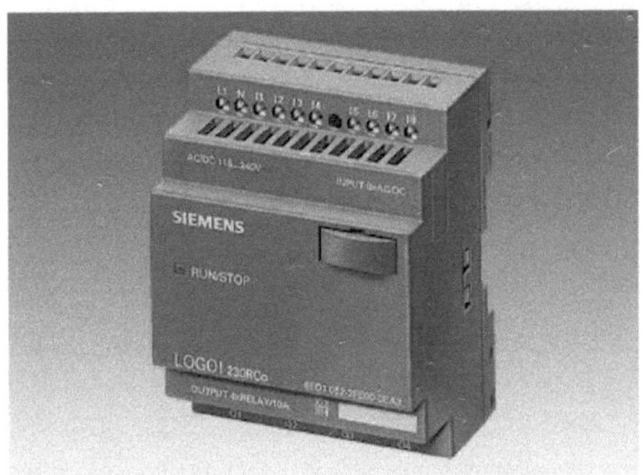

Abbildung 2: Grundmodul ohne Display (Siemens, 2008) © Siemens AG 2008, Alle Rechte vorbehalten

Es gibt ein Grundmodul mit Display und Tastenfeld, genannt LOGO! Basic (Abb. 1), und ein Grundmodul ohne Display, genannt LOGO! pure (Abb. 2). Die Variante mit Display hat den Vorteil, dass man sie auch direkt am Gerät programmieren kann und somit kleine Änderungen ohne PC sehr schnell vorgenommen werden können. Eine vollständige Programmierung wäre zwar auch möglich, erscheint jedoch auf Grund des kleinen Displays als zu umständlich.

Die Grundmodule haben jeweils acht Eingänge und vier Ausgänge. Je nach Variante sind die Ausgänge als Relaisausgänge oder als Transistorausgänge ausgeführt. Bei einigen Modellen sind die Eingänge I7 und I8 als analoge Eingänge nutzbar, über die z.B. Temperaturen oder Spannungen ausgewertet werden können. Nähere Informationen bezüglich der genauen Spezifikationen der einzelnen Module können im Internet auf der Homepage der Firma Siemens eingesehen werden[1].

2.1.2 Erweiterungsmöglichkeiten

Um mehr Eingänge bzw. mehr Ausgänge, als am Grundmodul vorhanden, nutzen zu können, gibt es verschiedene Erweiterungsmodule. Diese Module werden mit Hilfe einer Steckverbindung direkt an das Grundmodul angeschlossen und müssen dann noch mit Spannung versorgt werden.

Digitale Erweiterungsmodule stehen mit vier bzw. acht Eingängen und dementsprechend vier bzw. acht Ausgängen zur Verfügung (Abb. 3). Auch hier gibt

---

[1] http://support.automation.siemens.com/WW/llisapi.dll?func=cslib.csinfo&lang=de&objID=10805245&subtype=133200

es unterschiedliche Module für die verschiedenen Betriebsspannungen und mit
Relais- oder Transistorausgängen.

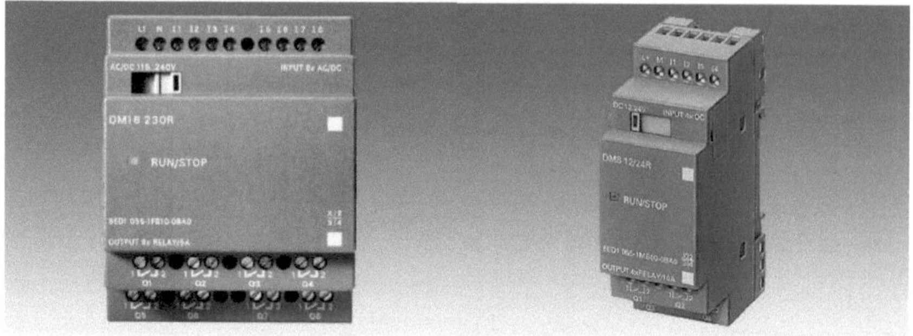

Abbildung 3: Digitale Erweiterungsmodule (Siemens, 2008) © Siemens AG 2008, Alle Rechte vorbehalten

Analoge Erweiterungsmodule gibt es für eine Aufstockung der analogen Eingänge
oder für eine Erweiterung der analogen Ausgänge (Abb. 4).

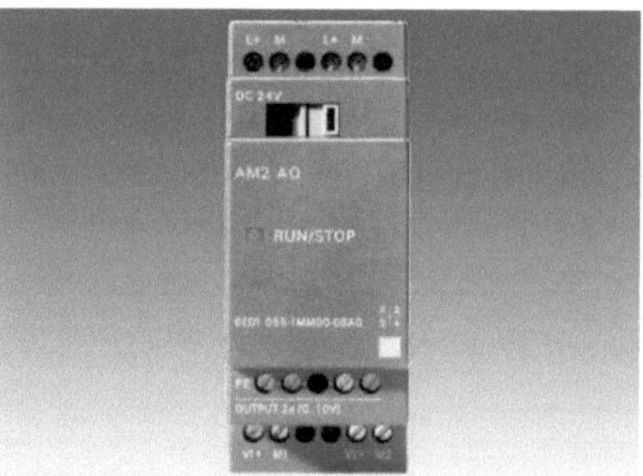

Abbildung 4: analoges Erweiterungsmodul (Siemens, 2008) © Siemens AG 2008, Alle Rechte vorbehalten

Der Vollständigkeit halber muss an dieser Stelle noch das Kommunikationsmodul
erwähnt werden. Da dies aber für den schulischen Einsatz nicht von Belang ist, wird
auf eine genauere Erläuterung verzichtet.

Ein Erweiterungsmodul, das das Grundmodul sowohl um analoge Ein- und
Ausgänge gleichzeitig ergänzt, gibt es nicht.

2.1.3 Stromversorgung

Bei den Varianten der Siemens LOGO!, die mit 230V betrieben werden, ist ein Anschluss mithilfe eines Netzkabels direkt an das Stromnetz problemlos möglich.

Abbildung 5: LOGO! Power Module zur Stromversorgung (Siemens, 2008)

Für die Varianten, die mit 12V bzw. 24V betrieben werden, ist die Verwendung eines Netzteils notwendig. Hierfür bietet Siemens passend zur LOGO! Module an. Diese heißen LOGO! Power (Abb. 5) und sind für beide Spannungen (12V und 24V) erhältlich.

2.2 Zubehör

Neben der Hardware, die im Abschnitt 2.1 vorgestellt wurde, gibt es noch einige Komponenten, die man als Zubehör erwerben kann. Einige dieser Komponenten sind unbedingt zu empfehlen. Dies ist z.B. das LOGO! PC-Kabel (Abb. 6), mit Hilfe dessen die Programme vom PC über die analoge Schnittstelle auf die Siemens LOGO! übertragen werden können.

Abbildung 6: LOGO! PC-Kabel (Siemens, 2008) © Siemens AG 2008, Alle Rechte vorbehalten

Speziell für die Anwendung in Industrie und Handwerk gibt es ein Programmmodul. Mit Hilfe dieses kleinen Bausteins (Abb. 7) kann ein Programm schnell und einfach vervielfältigt werden. Es wird anstelle des PC Kabels auf den Anschluss des LOGO! Grundmoduls gesteckt. Um dieses Programmmodul mit dem PC beschreiben zu können benötigt man die LOGO! Prom (Abb. 8). Dies ist eine Art Tafel, in die die Programmmodule gesteckt werden, um anschließend das gewünschte Programm zu übertragen.

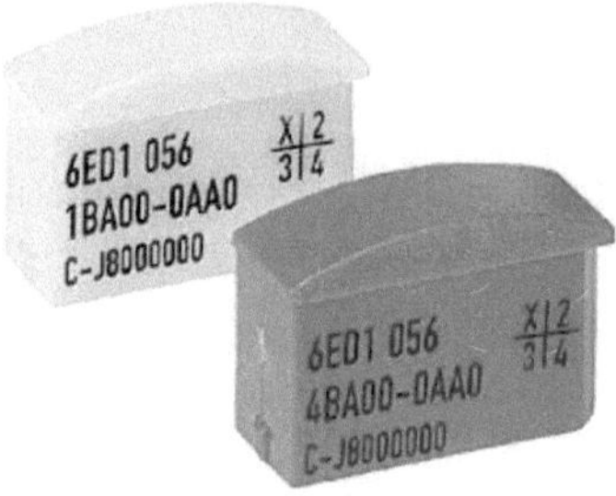

Abbildung 7: LOGO! Programmmodule (Siemens, 2008) © Siemens AG 2008, Alle Rechte vorbehalten

Abbildung 8: LOGO! Prom (Siemens, 2008) © Siemens AG 2008, Alle Rechte vorbehalten

2.3 Software und Programmierung

Zur Programmierung der Siemens LOGO! gibt es grundsätzlich zwei Varianten. Zum einen können die Module mit Display direkt darüber und die über Tasten am Modul programmiert werden. Zum anderen besteht die Möglichkeit, die Programme mit der zugehörigen Software „Siemens LOGO! Soft Comfort" zu erstellen. An dieser Stelle wird nur die Programmierung mithilfe der Software näher erläutert, da die Programmierung direkt am Gerät, wie bereits beschrieben, zu kompliziert ist.

2.3.1 Normen für Programmiersprachen

Die Norm für SPS-Programmiersprachen, die DIN 19239, unterscheidet zwischen zwei Arten der Programmierung. Zum einen die textuelle Sprache und zum anderen sind dies die graphischen Sprachen (Tröster, 2005, S. 449). Siemens LOGO! kann mit zwei der graphischen Programmiersprachen programmiert werden. Dies sind der Kontaktplan (KOP) und der Funktionsplan (FUP).

2.3.2 Kontaktplanprogrammierung

Bei der Programmierung als Kontaktplan wird das Programm als Verkettung von Schalt- und Relaiskontakten dargestellt. Das entspricht den früher gebräuchlichen Stromlaufplänen und Kontaktplänen von verdrahteten Steuerungen (Tröster, 2005, S. 449).

2.3.3 Funktionsplanprogrammierung

Die Programmierung mithilfe des Funktionsplans erfolgt durch Gattersymbole bzw. Funktionsblöcke, die beispielsweise logische Verknüpfungen wie UND, ODER etc. darstellen. Diese werden mit Wirkungslinien untereinander verbunden. Auch eine Negation einzelner Strecken ist möglich. Der Funktionsplan ist auch für Anwender, die nicht aus dem Fachgebiet der Automatisierungstechnik kommen gut verständlich und wird deshalb oft als Verständigungsmittel zwischen Anwender und Entwickler genutzt (Tröster, 2005, S. 454f.).

2.4 Kosten

Um einen Überblick über die Kosten für die Anschaffung von Siemens LOGO! zu bekommen, werden im Folgenden die Preise der für die Schule wichtigsten Komponenten tabellarisch aufgelistet.

Komponente	Händler	Preis (brutto)
Grundmodul (12/24V)	**Conrad Electronic**	136,85€
Netzteil LOGO! Power (12V/ 1,9A)	**Conrad Electronic**	85,68€
PC Kabel	**Conrad Electronic**	89,25€
Starterpaket (1 Modul + PC Kabel + Handbuch + Software + Schraubendreher)	**Conrad Electronic**	184,45€
Software (LOGO! Soft Comfort V.5.0)	**Conrad Electronic**	58,31€
Schulungspaket (5 Module + PC Kabel + Software)	**Christiani**	355,81€

Tabelle 1: Preise für exemplarische LOGO! Komponenten[2]

---

[2] Preise entnommen aus den Onlineshops www.conrad.de und www.christiani.de am 23.6.08

3. Vorstellung der Moeller easy

Der folgende Abschnitt beschäftigt sich mit der Moeller easy. Die Moeller easy bietet im Vergleich zur Siemens LOGO! mehr Varianten. Da es in dieser Arbeit jedoch um den Einsatz in der Schule gehen soll, werden im Folgenden nur die Basismodelle näher erläutert. Die Modelle für speziellere Anwendungen werden der Vollständigkeit halber kurz aufgelistet. Im Internet kann auf der Homepage der Firma Moeller eine Übersicht über die verschiedenen Modelle mit ihren Spezifikationen eingesehen werden[3].

3.1 Module der Moeller easy

Genau wie bei der Siemens LOGO! gibt es Modellvarianten für den Betrieb mit 12V, 24V und 230V. Dazu gibt es optional jeweils noch verschiedene Erweiterungsmodule, um die Anzahl der Eingänge und der Ausgänge zu erhöhen. Die Versorgung der 12V und der 24V Module kann mit Hilfe von speziellen Stromversorgungsbausteinen erfolgen. Für die Basisanwendungen werden bei Moeller easy drei Module unterschieden. Dies sind die easy500, die easy700 und die easy800. Sie unterscheiden sich in ihrer Funktionsvielfalt und in der Anzahl der Eingänge und Ausgänge.

3.1.1 Moeller easy500

Die easy 500 ist die Basisvariante. Es gibt sie mit Display und Tasten (Abb. 9) und ohne Display sowie Tastenfeld und sie ist nicht erweiterbar.

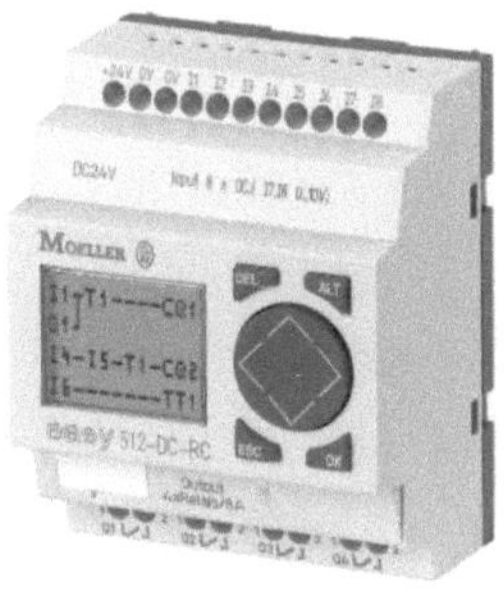

Abbildung 9: Beispiel für ein Modell aus der Reihe Moeller easy500 (Moeller, 2008)

---

[3] http://www.schaltungsbuch.de/contactors021.html

Verfasser: Daniel Klink

Insgesamt gibt es sieben verschiedene Module, die sich durch die unterschiedliche Betriebsspannung, aber auch durch Aspekte wie die Verlustleistung, die unterschiedliche Anzahl analoger Eingänge oder die Art der Ausgänge (Relais oder Transistor) unterscheiden.

3.1.2 Moeller easy 700

Auch bei der Moeller easy 700 (Abb. 10) gibt es verschiedene Varianten für die drei Betriebsspannungen und mit unterschiedlicher Anzahl sowie Art der Ausgänge.

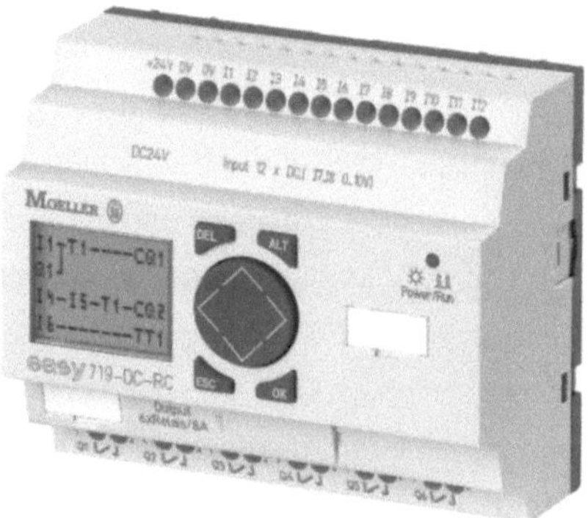

Abbildung 10: Beispiel für ein Modell aus der Reihe Moller easy700 (Moeller, 2008)

Die Verlustleistung sowie die Anzahl der ebenfalls analog nutzbaren Eingänge variiert ebenfalls. Der größte Unterschied zur easy 500 ist jedoch die Möglichkeit der Vernetzung und damit verbunden die Erweiterung der Anwendungsmöglichkeiten, da mehr Ein- und Ausgänge zur Verfügung stehen.

3.1.3 Moeller easy800

Die easy800 (Abb. 11) ist nur für die Betriebsspannungen 24V und 230V lieferbar.

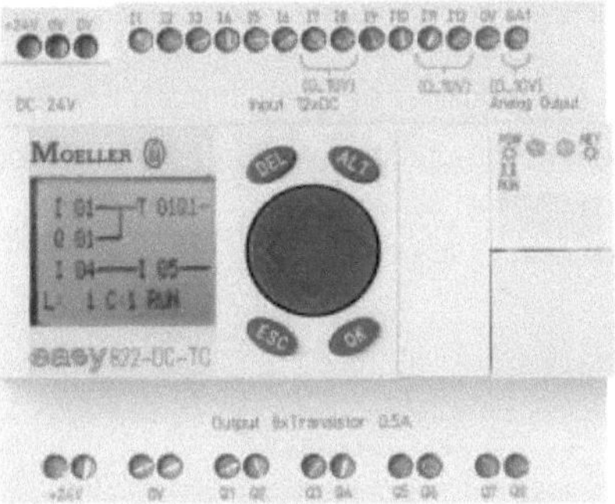

Abbildung 11: Beispiel für ein Modell aus der Reihe Moeller easy800 (Moeller, 2008)

Wie bei den beiden anderen Modellen existieren auch hier Varianten mit Transistor- oder Relaisausgängen. Zusätzlich gibt es bei der easy 800 auch zwei Varianten, die einen analogen Ausgang besitzen. Wie die easy700 ist auch die easy800 mit zusätzlichen Modulen erweiterbar. Die easy800 gibt es in allen Varianten sowohl mit, als auch ohne Display und Bedienknöpfen.

3.1.4 Zusatzmodule der Moeller easy

Wie schon in der Einleitung dieses Kapitels erwähnt, werden die weiteren Module an dieser Stelle nur kurz erwähnt, um dem Leser einen vollständigen Überblick zu ermöglichen. Es gibt noch das Multifunktionsdisplay MFD-Titan und die easySafety, eine Variante für sicherheitsrelevante Anwendungen. Die easy Control, die über verschiedene Schnittstellen zu anderen Automatisierungssystemen verfügt und mittels einer anderen Software nach dem sogenannten CoDeSys Programmiersystem programmiert wird, ist eine weitere Variante.

3.1.5 Erweiterungsmöglichkeiten

Es gibt vier verschiedene Module, um die Anzahl der Ein- und Ausgänge zu erweitern (Abb. 12). Genau wie die Grundmodule unterscheiden sich die

Erweiterungsmodule durch die Anzahl und die Art der Ein- und Ausgänge sowie durch ihre Betriebsspannung. Die Erweiterung um zusätzliche Ein- und Ausgänge kann zentral am Basismodul oder auch dezentral mittels eines Kabels über bis zu 30 Meter Entfernung hinweg geschehen.

Darüber hinaus gibt es für die Moeller easy auch noch Erweiterungsmodule, die eine Vernetzung von verschiedenen easy Modulen untereinander oder auch mit einem Firmennetzwerk ermöglichen.

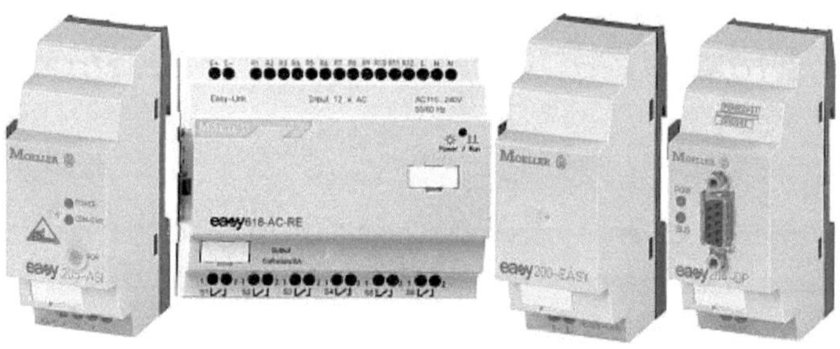

Abbildung 12: verschiedene Erweiterungsmodule für die Moeller easy (Conrad Electronic, 2008)

3.1.6 Stromversorgung

Bei den Modulen, die mit einer Betriebsspannung von 230V arbeiten ist ein Anschluss per Kabel direkt an das Stromnetz möglich. Für die Module, die mit 12V bzw. mit 24V arbeiten ist eine spezielle Stromversorgung nötig. Hierfür stellt Moeller verschiedene Netzteile zur Verfügung. Die kleinste Variante, easy200-pow, gibt 12V oder 24 V aus. Die anderen drei Varianten geben nur eine Spannung von 24V (Abb. 13) aus und unterscheiden sich dann in der Höhe des Ausgangsstromnennwertes, der zwischen 1,25A und 4,2A liegt.

Abbildung 13: Beispiel für ein easy pow-Modul zur Stromversorgung (Conrad Electronic, 2008)

3.2 Zubehör

Wichtigstes Zubehör ist das Datenkabel zur Übertragung der Programme vom PC auf die easy. Dies gibt es sowohl für den seriellen Anschluss (Abb. 14), als auch für den USB Anschluss am Computer.

Abbildung 14: easy PC Kabel für den seriellen Anschluss (Conrad Electronic, 2008)

Weiterhin gibt es von Moeller ein Modemkabel. Mit diesem können Meldungen auf einen Drucker ausgegeben werden oder Daten einer Anlage können mittels eines Modems auch aus großer Entfernung abgefragt oder geändert werden.

3.3 Software und Programmierung

Die Moeller easy kann genau wie die Siemens LOGO! grundsätzlich auf zwei Wegen programmiert werden. Zum einen können alle Varianten mit Display direkt darüber und über die zugehörigen Knöpfe programmiert werden. Zum anderen steht mit easy Soft eine Software zur Programmierung am PC zur Verfügung.

Die Programmierung am Modul direkt wie auch in der Software erfolgt mit einer grafischen Programmiersprache, dem sog. Kontaktplan (KOP).

Die Schaltung wird wie bei einem Stromlaufplan, wie man ihn aus der verdrahteten Steuerung kennt, programmiert.

3.4 Kosten

Um einen Überblick über die Kosten für die Anschaffung einer Moeller easy zubekommen, werden im Folgenden die Preise für die wichtigsten Komponenten tabellarisch aufgelistet.

Komponente	Händler	Preis
Grundmodul (easy 512 DC RC)	**Conrad Electronic**	152,32€
Netzteil easyPower (für 12/24V easy 200-pow)	**Conrad Electronic**	39,63€
PC Kabel	**Conrad Electronic**	54,03€
Starterpaket (1 Modul + PC Kabel + Software + easyPower200)	**Conrad Electronic**	214,20€
Software	**Conrad Electronic**	32,96€

Tabelle 2: Preise für exemplarische Komponenten der Moeller easy[4]

---

[4] Preise entnommen aus dem Onlineshop www.conrad.de am 23.6.08

4. Entwicklung von Vergleichskriterien

Beide Systeme, Siemens LOGO! und Moeller easy, wurden für den Einsatz in Industrie und Handwerk entwickelt. Ihre Funktionalität sowie auch alle anderen Aspekte sind auf diesen Einsatzzweck abgestimmt. Sie werden zur Steuerung von kleinen Anlagen in Produktionsbetrieben oder auch zur Steuerung komplexer Beleuchtungsaufgaben im Einzelhandel verwendet. Somit sind sie keine Lehr- und Lernmittel im traditionellen Sinne, da sie nicht speziell für die Schule konzipiert und entwickelt wurden. Vielmehr kann sich die Schule die Vorteile eines vorhandenen Systems zu Nutze machen, wobei darauf geachtet werden muss, dass die Schüler[5] nicht durch zu komplexe Arbeitsvorgänge überfordert werden. Deswegen sind für den schulischen Einsatz bestimmte Kriterien zu berücksichtigen.

4.1 Vorstellung der Kriterien

Diese Kriterien sollen im folgenden Abschnitt vorgestellt und kurz erläutert werden. Auch ein Hinweis auf die Wertigkeit der einzelnen Kriterien darf dabei nicht fehlen, sodass im Kapitel sechs ein Vergleich mit abschließender Bewertung der beiden Systeme erfolgen kann. Die Festlegung auf die Kriterien basiert auf den Erfahrungen des Autors und aus Gesprächen mit Lehrern[6] sowie anderen Studierenden aus dem Bereich Technik zu diesem Thema.

4.1.1 Kosten

Da die zur Verfügung stehenden Mittel in der Schule i. d. R. sehr begrenzt sind, ist der Preis für die Anschaffung ein wichtiges Kriterium. Hierbei sind nicht nur die Kosten für die Anschaffung eines einzelnen Moduls gemeint. Es geht um die Kosten für einen Klassensatz, also die Menge an Modulen und Zubehör, wie z.B. Datenkabel und Software, die für das Arbeiten mit einem Technikkurs (hierbei gehe ich in dieser Arbeit von Idealfall von 16 Schülern aus) benötigt werden.

---

[5] Aus Gründen der einfacheren Lesbarkeit wird im Folgenden nur die männliche Schreibweise verwendet
[6] Aus Gründen der einfacheren Lesbarkeit wird im Folgenden nur die männliche Schreibweise verwendet

---

4.1.2 Programmierbarkeit

Programmierbarkeit bedeutet in diesem Fall nicht, auf welche Varianten die
Programmierung erfolgen kann, ob per Software oder direkt am Gerät, sondern
welche Anforderungen die Programmierung an die Schüler stellt. Da die Schüler in
der Regel nur geringe Vorkenntnisse aus dem Bereich der Elektrik, insbesondere
bezüglich des Umgangs mit Stromlaufplänen haben, ist die Möglichkeit einer
Programmierung mittels Funktionsplan von Vorteil, weil dies, nach eigenen und von
Kommilitonen gemachten Erfahrungen, einfacher, weil intuitiv, zu erlernen ist.

4.1.3 Notwendige Vorkenntnisse

Will man mit Schülern mit einer Kleinsteuerung arbeiten, stellt sich die Frage welche
speziellen Vorkenntnisse benötigen die Schüler, bevor man in die Arbeit einsteigen
kann. Je weniger Vorkenntnisse spezieller Art benötigt werden, umso direkter und
schneller kann der Einstieg erfolgen. Vorkenntnisse allgemeiner Art sind dabei nicht
gemeint. Vielmehr geht es um Vorkenntnisse, die zur Bedienung und Handhabung
der Kleinsteuerungen erworben werden müssen. Das sind die Vorkenntnisse, die für
den Vergleich der beiden Systeme ausschlaggebend sind.

Die Vorkenntnisse allgemeiner Art, die für die Arbeit mit einer Kleinsteuerung
notwendig sind, sind die Funktionsweise eines Relais sowie eines Transistors. Die
Grundlagen der Schaltalgebra, mit den logischen Verknüpfungen, und der Aufbau
eines Stromkreises mit den Grundbegriffen Spannung, Stromstärke und Widerstand
müssen ebenfalls bekannt sein. Zusammenfassend lässt sich sagen, dass eine
Arbeit mit Kleinsteuerungen nur nach einer gründlichen Einführung in die
Elektrotechnik erfolgen kann. Die Konsequenzen für den Einsatz in der Schule, also
z. B. ein welcher Klassenstufe die Kleinsteuerungen eingesetzt werden können,
werden im Kapitel fünf näher erläutert.

Da die Anzahl der Technikstunden sehr begrenzt ist, ist es wichtig, möglichst viel Zeit
mit dem eigentlichen Lerngegenstand und nicht mit dem Vermitteln von
Vorkenntnissen zu verbringen.

4.1.4 Verfügbarkeit

Bei der Verfügbarkeit ist auf der einen Seite die aktuelle Verfügbarkeit relevant. Also wie schnell können benötigte Teile beschafft werden und wie aufwendig ist dies. Auf der anderen Seite spielt die Verfügbarkeit von Ersatz- und Ergänzungsteilen im Falle eines Defektes eine wichtige Rolle. Ein einmal in der Schule eingeführtes System soll i. d. R. über einige Jahre eingesetzt werden. Hierfür ist die Möglichkeit zur Nachbeschaffung von einzelnen Komponenten sehr wichtig.

4.1.5 Für den schulischen Einsatz relevante Funktionen

Eine ganz wichtige Funktion, die die Systeme haben sollten, ist die Verwendbarkeit mit niedrigen Spannungen, da im Technikunterricht die Arbeit mit der normalen Netzspannung von 230V nicht erlaubt ist.

Um den Schülern die Möglichkeit zu geben das Programmieren mit der Software auch zu Hause zu üben, ist das Vorhandensein einer Demo- bzw. Testversion von Vorteil. Auch die Möglichkeit die Software auf mehreren Schülerrechnern im Technik- oder im Computerraum zu installieren ist eine für die Schule wichtige Funktion.

4.1.6 Anleitung und Hilfefunktion

Damit der Lehrer sich gut in die verschiedenen Funktionen einarbeiten kann, aber auch um den Schülern das selbstständige Erlernen der Programmierung zu ermöglichen, sollte die Anleitung und auch die Hilfefunktion im Programm gut gegliedert und einfach verständlich sein.

4.1.7 Materialien für den Lehrer

Das Vorhandensein von Grundlagenliteratur für das Erlernen durch den Lehrer, ist ebenfalls ein Kriterium, das beachtet werden sollte. Ohne Literatur und Anleitung ist das System für den Lehrer nur mit viel Aufwand zu erarbeiten. Die Möglichkeit, entsprechende Beispielprogramme zum Üben und als Anregung für den Unterricht im Internet oder in der Literatur zu finden, ist für viele Lehrer ebenfalls wichtig.

5. Einsatz von Kleinsteuerungen in der Schule

Um einen Eindruck zu vermitteln, wie die Arbeit mit einer geeigneten Kleinsteuerung in der Schule aussehen kann und um eine Grundlage für die abschließende Bewertung zu haben, habe ich diese Unterrichtseinheit entwickelt.. Da es sich hierbei nur um ein Beispiel handelt, dass Anregungen zum Einsatz von Kleinsteuerungen in der Schule geben soll, werden nicht alle Details durchgeplant. So wird es keine detaillierten Verlaufspläne für die einzelnen Stunden, sondern lediglich einen groben Verlaufsplan geben. Auch die sonst übliche Klassenanalyse entfällt, da es sich lediglich um ein theoretisches Beispiel handelt.

Das Thema für dieses Beispiel lautet: „Beleuchtungssteuerung in der Schulturnhalle mittels einer geeigneten Kleinsteuerung"[7].

Bei diesem Beispiel geht es hauptsächlich um das Erlernen der Programmierung. Eine praktische Umsetzung z. B. in Form eines Modells wäre in einem zweiten Schritt denkbar.

5.1 Sachanalyse

Fachwissenschaftlich betrachtet bilden die SPS, zu denen auch die Kleinsteuerungen zählen, einen wichtigen Teilbereich in der Automatisierungstechnik. Durch ihre genormte Bauart und die vielfältigen Einsatzmöglichkeiten findet sie in vielen Bereichen der Technik Anwendung. Sie stellen somit ein zeitgemäßes und dem Stand der Technik entsprechendes Beispiel für die Automatisierungstechnik dar. Auf nähere Erläuterungen, auch bezüglich der beiden Kleinsteuerungen, verzichte ich an dieser Stelle, da dies in den vorhergehenden Kapiteln bereits geschehen ist.

Je nach Einsatzgebiet bzw. Anforderung variiert die Komplexität der Schaltungen und der damit verbundene Programmierungsaufwand.

---

[7] Diese Unterrichtseinheit basiert auf einem Beispiel auf der Homepage der Firma Siemens. (Siemens AG, 2008)

5.2 Didaktische Überlegungen

Die Rahmenrichtlinien für das Fach Technik in Niedersachsen sehen für die Klassen 9 und 10 den Themenbereich TE14 „ Der Computer automatisiert Prozesse" mit 10 - 12 Stunden vor (Kultusministerium, 1997, S. 36). Im Rahmen dieses Themenbereichs kann eine Kleinsteuerung als ein ideales und dem Stand der Technik entsprechendes Beispiel behandelt werden.

Dies und der relativ günstige Anschaffungspreis machen die Kleinsteuerungen für den Einsatz in der Schule sehr attraktiv.

Um den Schülern einen motivierenden Einstieg in die Materie zu ermöglichen, muss ein Beispiel gewählt werden, dessen Komplexitätsgrad nicht zu hoch ist. Dabei darf jedoch der Bezug zur Realität nicht außer Acht gelassen werden. Aufgrund dessen habe ich für dieses Praxisbeispiel eine Schaltung ausgewählt die nicht zu komplex ist, aber in der Realität trotzdem so Anwendung finden könnte. Das gewählte Beispiel hat den Vorteil, dass eine Turnhalle in der Regel in der Umgebung jeder Schule vorhanden ist und somit eine Besichtigung direkt vor Ort erfolgen kann.

Damit die Bearbeitung eines solchen Themas mit Schülern möglich ist, müssen diese gewisse Vorkenntnisse besitzen. Die Vorkenntnisse sollten in Klasse neun gelegt werden, so dass in Klasse zehn eine Beschäftigung mit Kleinsteuerungen möglich ist. Diese Vorkenntnisse werden im Folgenden aufgelistet:

- Kenntnisse über die elektrischen Einheiten Volt, Ampere, Ohm, Watt
- das Ohmsche Gesetz
- Kirchhoffsche Gesetze
- Berechnen und Messen elektrischer Größen
- Grundlagen im Umgang mit dem PC, sodass die LOGO! Software schnell erlernt werden kann
- Verständnis von Schaltplänen
- Kenntnis über Funktion und Einsatzweise verschiedener Bauteile
- Grundkenntnisse über logische Verknüpfungen
- Aufbau (löten) von kleinen elektronischen Schaltungen
- Arbeitsplatzeinrichtung und Unfallverhütungsvorschriften
- Umgang mit Labornetzteilen

Bei einer konkreten Lerngruppe wird man diesen Wissenstand in der Regel kennen, bzw. in der Vorbereitung der Unterrichtseinheit erheben. Dies ist in diesem theoretischen Beispiel natürlich nicht möglich.

5.3 Lernziele

Mit dieser Beispielunterrichtseinheit sollen folgende Lernziele verfolgt werden:

Die Schüler lernen…

- … die Kleinsteuerungen als ein Beispiel für die Automatisierungstechnik kennen.
- .. wie die Automatisierungstechnik unseren Alltag beeinflusst.
- … mithilfe der Programmiersoftware der Kleinsteuerung ein Steuerungsprogramm zu erstellen und zu simulieren.
- … ein praxisnahes Problem in ein Programm für die Kleinsteuerung zu übertragen.
- … das fachgerechte Verdrahten von Schaltern, Tastern, Widerständen und LED´s mit der Kleinsteuerung.

5.4 Ablaufplan für die Unterrichtseinheit

In diesem Abschnitt wird ein Ablaufplan für die Unterrichtseinheit vorgestellt. Zu jeder Stunde gibt es eine kurze Erläuterung, was in ihr geschehen soll. Auf eine Minutengenaue Planung aller Stunden wird in dieser Arbeit bewusst verzichtet, da es sich nur um eine Anregung handelt. Bei den angegebenen Stunden handelt es sich, wie in der Regel üblich, um Doppelstunden von 90 Minuten Länge.

1. Stunde: Einführung in das Thema / Begehung der Schulturnhalle

- Der Lehrer stellt das neue Thema und das Ziel der Unterrichtseinheit vor.
- Gemeinsam wird die Schulturnhalle besichtigt, um zu ermitteln, welche Voraussetzungen für die Beleuchtungssteuerung erfüllt sein müssen.

2. Stunde: Lehrgang zur Programmierung der Kleinsteuerung

- Der Lehrer stellt die Programmiersoftware vor und erläutert den Schülern den Umgang damit.

- Anschließend haben die Schüler die Möglichkeit dies selbst an einigen simplen Beispielen zu üben. Die Schüler sollen auch lernen die Hilfefunktion gezielt einzusetzen

3. Stunde: Festlegung der Kriterien und Beginn der Programmierung

- Es werden die, in der Besichtigung gesammelten, Kriterien, die das Programm erfüllen muss, zusammengetragen und die Lerngruppe einigt sich auf einen verbindlichen Katalog an Kriterien.
- In Kleingruppen von ca. 3-4 Personen (bei einer optimalen Gruppengröße von 16 Personen, würden dann fünf Kleinsteuerungen ausreichen) wird begonnen diese Kriterien in ein Programm umzusetzen.

4. Stunde: Programmierung fortsetzen und beenden[8]

- Zu Beginn der Stunde kann der Lehrer evtl. aufgetretene Probleme besprechen.
- Danach geht die Arbeit in den Kleingruppen weiter, mit dem Ziel an Ende der Stunde ein fertiges und funktionsfähiges Programm zu erhalten.

5. Stunde: Bau eines Demonstrationsmodells

- Die Kleingruppen bauen ein einfaches Modell, mit Hilfe von Schaltern oder Tastern und LED´s, um die Funktionsweise ihres Programm zu präsentieren

6. Stunde Präsentation und Abschluss

- Die Kleingruppen erledigen Restarbeiten an ihren Modellen.
- Die einzelnen Gruppen stellen ihren Lösungsweg vor.
- Der Lehrer beendet in einem abschließenden Gespräch die Unterrichtseinheit

---

[8] Ein Beispiel, wie eine solche Programmierung mit dem, noch zu ermittelnden, Gewinner des Vergleichs aussehen könnte befindet sich im Anhang.

5.5 Methodische Überlegungen

Da keine Feinplanung der einzelnen Stunden erfolgt, beziehen sich die methodischen Überlegungen auf den groben Ablaufplan der Unterrichtseinheit, der in Kapitel 5.4 vorgestellt wurde.

Die Schüler sollen den Umgang mit der Kleinsteuerung möglichst selbst erlernen und dazu die Hilfefunktion der Software nutzen. Deshalb wird die Einführung durch den Lehrer kurz ausfallen und die Schüler haben so die Möglichkeit sich die notwendigen Kenntnisse selbst anzueignen.

Auch die Ziele bzw. Kriterien sollen von den Schülern selbst aufgestellt werden. Dazu dient die Besichtigung der Schulturnhalle. Hier haben die Schüler die Möglichkeit herauszufinden, was die Schaltung können sollte.

Die Arbeit am Programm und am Modell erfolgt in Kleingruppen, da nicht davon ausgegangen werden kann, dass für jeden Schüler eine Kleinsteuerung vorhanden ist. Außerdem stärkt dies die sozialen Kompetenzen der Schüler, da eine Absprache innerhalb der Kleingruppe erforderlich ist. Auch eine Arbeitsteilung wäre denkbar, jedoch vor dem Hintergrund, dass jeder Schüler die Programmierung erlernen soll nicht wünschenswert. Hier müsste der Lehrer ggf. gegensteuern.

Während der Gruppenarbeitsphasen wirkt der Lehrer unterstützend. Er stellt das benötigte Material zur Verfügung und unterstützt bei auftretenden Problemen.

6. Vergleich von Siemens LOGO! und Moeller easy

Nachdem im vierten Kapitel verschiedene Kriterien zum Vergleich von Siemens LOGO! und Moeller easy für den schulischen Einsatz vorgestellt und kurz erläutert wurden, findet in diesem Abschnitt der daran anschließende Vergleich statt.

Zu jedem Vergleichskriterium werden zunächst beide Systeme dahingehend untersucht, ob und in welchem Umfang sie das Kriterium erfüllen. Hieraus wird ein Urteil gebildet, ob ein System das Kriterium besser erfüllt oder die Unterschiede nicht signifikant sind. Außerdem wird auf die im Kapitel fünf vorgestellte Unterrichtseinheit Bezug genommen.

6.1 Vergleich der Kosten

Um in der Schule akzeptabel arbeiten zu können ist eine Mindestausstattung notwendig. Hierzu gehören ein PC Übertragungskabel sowie die jeweilige Programmiersoftware. Ausgehend von einer Regelgröße von 16 Schülern pro Technikkurs sollten mindestens fünf Module vorhanden sein, sodass in Kleingruppen von drei bis maximal vier Schülern gearbeitet werden kann. Dies ermöglicht die Vorgehensweise, wie sie ab der dritten Doppelstunde in der Unterrichtseinheit (Kapitel 5) geplant ist. Ein Modul zur Stromversorgung ist nicht unbedingt nötig, da die Versorgung auch mithilfe von vorhandenen Labornetzteilen erfolgen kann.

Zu reinen Demonstrationszwecken würde auch die absolute Minimalausstattung von einem Modul ausreichen. Dies wäre jedoch gerade im Hinblick auf die 5. Doppelstunde nicht sehr praktikabel. Auch das Lernziel, der fachgerechten Verdrahtung wäre so nur schwer zu erreichen.

Siemens LOGO!:

Hier gibt es ein Schulungspaket mit fünf Grundmodulen, einem Übertragungskabel, der Software und anderen Zubehör. Die Kosten hierfür belaufen sich auf *355,81€* (siehe Tabelle auf S.8). Die Minimalausstattung kann mittels eines Starterpakets zum Preis von *184,45€* (siehe Tabelle auf S.8) erfolgen.

Moeller easy:

Da es hier kein Schulungspaket gibt müssen die Teile einzeln beschafft werden (Preise siehe Tabelle auf S.14).

5 Grundmodule à 152,32€:	761,60€
1 Übertragungskabel:	54,03€
Programmiersoftware:	32,96€
Gesamtkosten:	*848,59€*

Für die Minimallösung steht hier ebenfalls ein Starterpaket zu Verfügung. Dies enthält im Vergleich zur Siemens LOGO! auch noch ein Powermodul und kostet *214,20€* (siehe Tabelle auf S.14).

Ergebnis:

Bei den Einzelpreisen ist die Moeller easy in fast allen Punkten günstiger als die LOGO!. Rechnet man das Powermodul aus dem Starterpaket raus, so ist sie auch hier günstiger. Vergleicht man jedoch die Kosten für einen Klassensatz von fünf Modulen miteinander, so ist das Schulungspaket der Siemens LOGO! fast 500€ günstiger als die einzelne Beschaffung bei der easy. Festzustellen ist, dass hier ein klarer Vorteil bei dem Siemens System liegt.

6.2 Vergleich der Programmierbarkeit

Beide Systeme bieten die Möglichkeit der Programmierung über einen Kontaktplan. Zusätzlich hat die Software beider Systeme die Möglichkeit das erstellte Programm zu simulieren, um so eventuell entstandene Fehler schon am PC korrigieren zu können. Bei der Siemens LOGO! besteht darüber hinaus noch die Möglichkeit die Programmierung mittels eines Funktionsplans vorzunehmen.

Wie bereits bei der Vorstellung der Vergleichskriterien geschrieben, ist die Möglichkeit zur Programmierung mit dem Funktionsplan wünschenswert, da sie einfacher zu erlenen ist. Die Programmierung mittels eines Kontaktplans würde den von mir im Punkt 5.4 mit einer Doppelstunde angesetzten Lehrgang zur

Programmeirung von Kleinsteuerungen deutlich verlängern und somit den Zeitrahmen der Unterrichtseinheit übersteigen.

Ergebnis:

Da die Siemens LOGO! die Möglichkeit der Programmeirung mittels Funktionsplan zusätzlich bietet und sich die Systeme in den anderen Punkten nicht unterscheiden ist auch hier die Siemens LOGO! im Vorteil.

6.3 Vergleich der notwendige Vorkenntnisse

Für eine sinnvolle und lehrreiche Arbeit mit Kleinsteuerungen in der Schule sind die bereits erwähnten allgemeinen Vorkenntnisse unerlässlich. Darüber hinaus benötigt man kaum spezielle Vorkenntnisse. Bei der Moeller easy wären grundlegende Kenntnisse über Stromlaufpläne und die Verdrahtung von Schaltungen vorteilhaft, da ansonsten die Programmierung nur schwer zu erlernen ist. Dies hätte, wie im vorhergehenden Unterabschnitt bereits erläutert, eine deutliche Verlängerung der Einweisung in die Programmierung in der zweiten Doppelstunde zur Folge.

Weitere Kenntnisse, wie die Verdrahtung der Kleinsteuerung und die Bedienung mithilfe der Knöpfe, gehören zu den Lernzielen bei der Arbeit mit Kleinsteuerungen im Unterricht und lassen sich mit beiden Systemen erreichen.

Ergebnis:

Da für die Moeller easy im Gegensatz zur Siemens LOGO! spezielle Vorkenntnisse benötigt werden, ist die LOGO! auch bei diesem Kriterium leicht im Vorteil.

6.4 Vergleich der Verfügbarkeit

Aktuell gibt es für beide Systeme keine Probleme mit der Verfügbarkeit. Sie sind sowohl über den örtlichen Fachhandel, als auch über diverse Internetshops zeitnah zu beschaffen.

Da ich über die Langzeitverfügbarkeit weder auf der Homepage der Firma Siemens noch auf der Homepage der Firma Moeller Angaben gefunden habe, habe ich mich jeweils direkt an die Firmen gewandt.

Auf der Hannover Messe 2008, habe ich einen Mitarbeiter der Firma Moeller zu den Zukunftsperspektiven der Moeller easy befragt. Dieser gab die Auskunft, dass zurzeit immer noch Weiterentwicklungen stattfinden und die easy auch in Zukunft erhältlich sein wird. Eine Verfügbarkeit über die nächsten Jahre hinweg sei nach seiner Aussage gesichert.

Eine E-Mailanfrage bei der Firma Siemens ergab, dass es auch hier zu keinen Versorgungsproblem kommen wird. Der Mitarbeiter teilte mit, dass nach Einstellung von Produkten die Ersatzteilversorgung noch weitere zehn Jahre gesichert sei. Diese zehn Jahre beginnen jedoch erst, nach der Einstellung der Produktion und das sei zurzeit nicht geplant.

Ergebnis:

Da es weder in der aktuellen Verfügbarkeit noch in der zukünftigen Verfügbarkeit Unterschiede gibt, ist dieser Punkt unentschieden zu bewerten.

6.5 Vergleich der für den schulischen Einsatz relevante Funktionen

Eine Demoversion der Programmiersoftware ist auf der jeweiligen Herstellerhomepage verfügbar. Diese könnte auf den Schülerrechnern in der Schule, aber auch auf den Rechnern der Schüler zu Hause installiert werden. Somit können Übungsaufgaben zur Programmierung, wie sie in der zweiten Doppelstunde der Beispielunterrichtseinheit vorgesehen sind, von jedem Schüler bearbeitet werden. Auch das Stellen von Hausaufgaben ist dadurch möglich. In der vorgestellten Unterrichtseinheit, wäre es, im Rahmen der Selbstorganisation der Gruppen, somit auch möglich, dass zwischen der dritten und vierten Doppelstunde Weiterentwicklungen zu Hause geschehen.

Sowohl von der Siemens LOGO!, als auch von der Moeller easy gibt es Varianten, die mit 12 oder 24 Volt betrieben werden können. Dadurch ist ein sicheres, den Unfallverhütungsvorschriften gerechtes, Arbeiten in der Schule möglich.

Ergebnis:

In diesem Vergleichspunkt gibt es keine Unterschiede, sodass auch dieser Vergleich unentschieden endet.

6.6 Vergleich der Anleitung und Hilfefunktion

Die Software beider Systeme bietet umfangreiche Hilfefunktionen. Zu diesen Funktionen gehören allgemeine Einführungen in das System, Lehrgänge für Einsteiger, Beispielprogramme und natürlich Erläuterungen zu den einzelnen Funktionen der Software und der verschiedenen Module.

Die Siemens LOGO! Soft bietet darüber hinaus noch eine sehr anwenderfreundlich Zusatzfunktion. Während des Programmierens kann mittels der rechten Maustaste direkt die Erläuterung zum ausgewählten Funktionsbaustein aufgerufen werden. Diese Funktion ist auch im Hinblick auf die Arbeit mit Schülern interessant. Die Schüler können sich so neue Funktionsbausteine und deren Funktion schnell und einfach selbst erschließen. Diese Funktion erleichtert das eigenständige Erlernen der Programmierung durch die Schüler, wie es in Kapitel fünf, im Rahmen der geplanten zweiten Doppelstunde, vorgesehen ist. Auch während der Programmierung in der dritten und vierten Doppelstunde ist dies von Vorteil, da auftretende Probleme so ohne Beteiligung des Lehrers gelöst werden können.

Ergebnis:

Da die Hilfefunktionen in weiten Teilen gleich sind, gibt die Zusatzfunktion hier den Ausschlag zu Gunsten der Siemens LOGO!.

6.7 Vergleich der Materialien für den Lehrer

Zur Erarbeitung der Grundlagen durch den Lehrer, gibt es für beide Systeme eine Einführung in zwei Bänden von der Firma Christiani. Dies sind die Bücher von Pfaffe (2006) und Machalek & Reuter (2005) sowie die dazugehörigen zweiten Bände. Genauere Angaben zu den Büchern befinden sich im Literaturverzeichnis. Diese enthalten neben einer Erläuterung der grundlegenden Funktionen auch verschiedene Projekte, anhand derer man das jeweilige System praktisch erlernen kann. Im Buchhandel gibt es ebenfalls verschiedene Bücher zum Thema Kleinsteuerungen, die zur Einarbeitung herangezogen werden können.

Beispiele für die Anwendung und die Programmierung der Kleinsteuerungen finden sich zum einen in den bereits erwähnten Büchern der Firma Christiani. Zum anderen stellen sowohl Moeller als auch Siemens auf ihren Internetseiten diverse Beispiele zum Download bereit. Wie bereits erwähnt ist auf Basis eines solchen Beispiels von der Firma Siemens auch die Unterrichtseinheit im Kapitel fünf entwickelt worden. Materialien mit bereits fertigen Unterrichtseinheiten gibt es für beide Systeme nicht. Die Beispiele auf den Firmenhompages und in den erwähnten Büchern bieten jedoch hilfreiche Anregungen.

Ergebnis:

Für beide Systeme steht eine ähnliche Menge an Material für den Lehrer zur Verfügung. Der Vergleich endet in diesem Kriterium erneut unentschieden.

7. Fazit

Um zu einer abschließenden Entscheidung für eines der beiden Systeme zu kommen, müssen zunächst die Kriterien gewichtet werden. Diese Gewichtung erfolgt im Hinblick auf den geplanten Einsatz in Schulen. Hierbei werden auf eigene Erfahrungswerte sowie die Expertise von erfahrener Lehrkräfte zurück gegriffen. Selbstverständlich sollten alle im Kapitel sechs aufgezählten Aspekte bei der Einführung eines Systems Berücksichtigung finden. Da jedoch eine Abwägung zwischen den beiden Systemen erfolgen soll, wird nun eine Rangfolge der Kriterien gegenüber gestellt. Sie sollen als Maßstab bei der Entscheidung helfen.

Bei der Entscheidung für ein neues System sind die Fachlehrer die maßgebliche Entscheidungsinstanz. Sie werden sich i. d. R. das System entscheiden, für das es ausreichend Material gibt und das auch von den Schülern gut erlernt werden kann. Somit ist das Kriterium der Materialien für den Lehrer sehr wichtig.

Ebenso wichtig ist das Kriterium der Kosten, da die Mittel, die für Neuanschaffungen zur Verfügung stehen meistens begrenzt sind. Zwar können bei kleineren Preisunterschieden die Materialien für den Lehrer den Ausschlag geben, sich für eine teureres System zu entscheiden. Bei größeren Preisunterschieden, wie beispielsweise bei den Kosten für fünf Module des jeweiligen Systems, dürfte dies jedoch nur schwer möglich sein.

Danach folgen die Faktoren, die direkt die Unterrichtsplanung und dabei insbesondere den Zeitansatz beeinflussen. Das sind zum einen die Programmierbarkeit und zum anderen die notwendigen Vorkenntnisse. Wie bereits in den Punkten 6.2 und 6.3 erwähnt würden Schwierigkeiten in diesen Bereichen eine Unterrichtseinheit erheblich verlängern. Dies ist aufgrund der wenigen zur Verfügung stehenden Technikstunden sehr problematisch.

Zum Schluss der Kriterienrangfolge folgen die für den schulischen Einsatz relevanten Funktionen und die Verfügbarkeit. Sie dürfen auf keinen Fall vernachlässigt werden, da sie z. B. im Bereich der Sicherheit wichtige Aspekte enthalten. Im Vergleich zu den anderen Kriterien sind sie jedoch von geringerer Bedeutung.

Verfasser: Daniel Klink

An dieser Stelle folgt eine tabellarische Übersicht, welches System in welchem Kriterium im Vorteil ist, um für die abschließende Bewertung einen besseren Überblick zu haben.

Kriterium	Besseres System (laut Vergleich im Kapitel 6.1)
Kosten	Siemens LOGO!
Programmierbarkeit	Siemens LOGO!
Notwendige Vorkenntnisse	Siemens LOGO!
Verfügbarkeit	Unentschieden
Für den schulischen Einsatz relevante Funktionen	Unentschieden
Anleitung und Hilfefunktion	Siemens LOGO!
Materialien für den Lehrer	Unentschieden

Die Materialien, die für den Lehrer zu Verfügung stehen, sind bei beiden Systemen gleich dürftig. In allen anderen wichtigen Punkten des Vergleichs ist die Siemens LOGO! gegenüber der Moeller easy im Vorteil.

Aufgrund dieses Ergebnisses und der oben angeführten Argumentation, ist die Siemens LOGO! das empfehlenswertere System für die Anschaffung in einer Schule. Dabei wird davon ausgegangen, dass noch kein solches System in der Schule im Einsatz ist und dass die Anschaffung komplett durch den Etat der Schule finanziert werden muss.

Aufgrund des Ergebnisses, würde ich mich bei einer Neuanschaffung für die Siemens LOGO! entscheiden. Sie bietet für mich die entscheidenden Vorteile im Bereich der Programmierung und der Kosten. Ich werde in meinen folgenden Praktika und auch später im Schuldienst die Siemens LOGO! im Unterricht einsetzen. Soweit nicht gravierende Gründe, wie das Vorhandensein einer anderen Kleinsteuerung, dagegen sprechen, werde ich mich auch für die Anschaffung dieses Systems einsetzen. Nach meiner Ansicht hat der Vergleich in dieser Arbeit, in Verbindung mit der Unterrichtseinheit, gezeigt welches Potenzial in der unterrichtlichen Nutzung dieses Systems steckt.

8. Anhang

Im Anhang befinden sich ein Verzeichnis der benutzen Abkürzungen, eine
Beispiellösung für die Programmierung der Turnhallenbeleuchtung aus Kapitel fünf,
das Literatur und Quellenverzeichnis sowie ein Abbildungsverzeichnis.

8.1 Abkürzungsverzeichnis

V   Volt

SPS   Speicherprogrammierbare Steuerung

z. B.   zum Beispiel

bzw.   beziehungsweise

Abb.   Abbildung

LED   Light Emitting Diode

KOP   Kontaktplan

FUP   Funktionsplan

A   Ampere

PC   Personalcomputer

i. d. R.   in der Regel

8.2 Beispielprogramm für die Turnhallenbeleuchtung

Folgende Kriterien könnten sich für die Beleuchtungssteuerung in der Turnhalle ergeben:

- Zeitgesteuerte Abschaltung bei Nacht
- Nach Abschaltung der Hallenbeleuchtung soll das Licht in der Umkleide noch eine gewisse Zeit weiterleuchten, damit die Halle in Ruhe verlassen werden kann.
- Komplette manuelle Abschaltung in den Ferien
- Getrenntes manuelles Ein- und Ausschalten von Jungen- und Mädchenumkleide sowie der Hallenbeleuchtung außerhalb der Nachtabschaltung
- Zentralschalter, der das Einschalten der gesamten Beleuchtung zu jeder Tageszeit erlaubt, beispielsweise durch den Hausmeister

Um diese Anforderungen erfüllen zu können, sehe ein Programm für die Siemens LOGO! zum Beispiel so aus, wie auf der folgenden Seite (Abb. 15)

Die einzelnen Elemente haben dabei folgende Funktionen. Die beiden Zeitschaltuhren B011 und B009 haben die Funktion das Licht automatisch abzuschalten. Das Licht in der Umkleide erlischt 15 Minuten nach dem Hallenlicht.

Die Ausgänge Q1 bis Q3 stellen die Beleuchtung der Jungen- und Mädchenumkleide sowie der Hallenbeleuchtung dar. Die Eingänge I2 bis I4 sind die entsprechenden Lichtschalter für die Beleuchtung. Der Schalter I1 ist der Zentralschalter, der es dem Hausmeister ermöglicht das Licht zu jeder Zeit einzuschalten. Um das Licht in den Ferien komplett abzuschalten, ist der Schalter I5 da.

Die UND-Glieder B007, B008 und B010 bewirken mit ihrem negierten Eingang, dass ein Einschalten des Lichtes nur möglich ist, so lange sie kein Signal von der jeweiligen Zeitschaltuhr bekommen.

Die ODER-Glieder B001 bis B003 ermöglichen das Einschalten über die normalen Lichtschalter im Rahmen der vorgesehenen Uhrzeiten oder das Einschalten über den Zentralschalter zu jeder Tageszeit.

So lange am Eingang R der Stromstoßrelais B004 bis B006 ein Signal durch den Schalter I5 anliegt hat der Ausgang den Zustand null und das Licht kann nicht eigeschaltet werden.

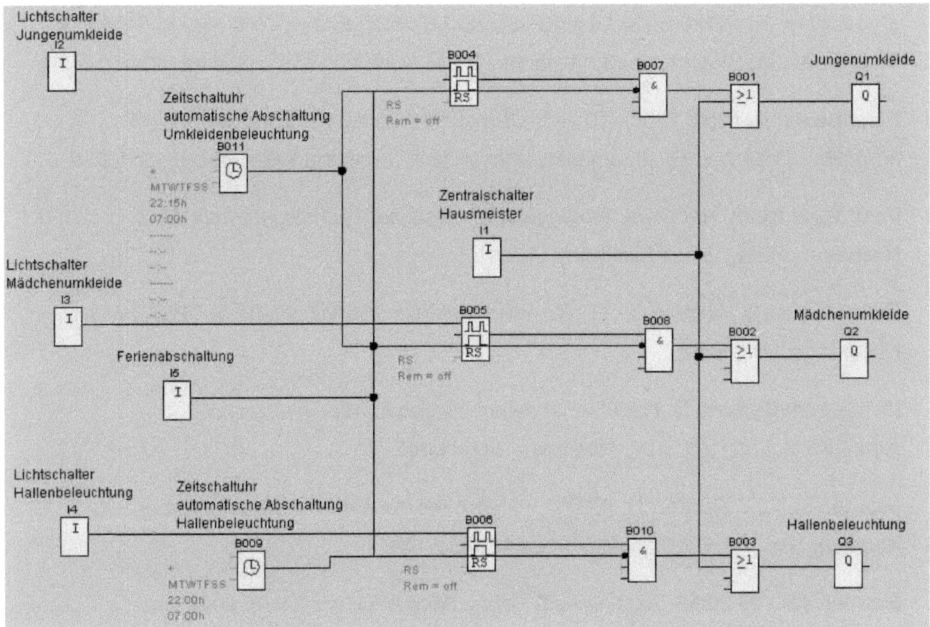

Abbildung 15 Beispielprogramm mit Siemens LOGO! Soft Comfort 5.0.19

8.3 Literatur- und Quellenverzeichnis

Conrad Electronic. (24. 06 2008). Abgerufen am 24. 06 2008 von Europas führendes Versandhandelsunternehmen für Elektronik: http://www1.conrad.de/scripts/wgate/zcop_b2c/~flNlc3Npb249UDkwV0dBVEU6Q19B R0FURTEwOjAwMDEuMDBmYS5kMWZkNTYyZiZ+aHR0cF9jb250ZW50X2NoYXJz ZXQ9aXNvLTg4NTktMSZ+U3RhdGU9MzE4NTc4MDg5Mw==?~template=PCAT_A REA_S_BROWSE&mfhelp=&p_selected_area=%24ROOT&p_selected_area

Eisenbeiss, H. (April 2008). 50 Jahre Simatic - Eine kleine Geschichte. *SPS Magazin - Zeitschrift für Automatisierungstechnik* (Ausgabe HMI-Special), S. 53-59.

Fast, L., & Klein, H. (1998). *Notengebung - Beispiel Technikunterricht.* Bad Heilbrunn: Verlag Julius Klinkhardt.

Henseler, K., & Höpken, G. (1996). *Methodik des Technikunterrichts.* Bad Heilbrunnq: Klinkhardt.

Kultusministerium, N. (1997). *Rahmenrichtlinien für die Realschule Arbeit/Wirtschaft - Technik .* Hannover: Schroedel.

Machalek, K., & Reuter, H. (2005). *Steuern mit der EASY - Grundlehrgang.* Konstanz: Dr.-Ing. Paul Christiani GmbH & Co. KG.

Moeller. (24. 06 2008). *Moeller easyRelais.* Abgerufen am 24. 06 2008 von http://www.trainingscenter.moeller.net/products/easyRelay.html

Pfaffe, M. (2006). *Steuern mit der LOGO!* Konsanz: Dr.-Ing. Paul Christiani GmbH & Co. KG.

Reinhardt, H. (1996). *Automatisierungstechnik.* Berlin - Heidelberg: Spronger-Verlage.

Siemens AG. (26. 07 2008). *Anwendungsbeispiele - Micro Automation LOGO!* Abgerufen am 26. 07 2008 von http://www.automation.siemens.com/logo/html_00/products/02Applications/index.htm l

Siemens. (2007). *Siemens.* Abgerufen am 05. 06 2008 von Logikmodul LOGO! 2: http://www.automation.siemens.com/bilddb/index.asp?aktPrim=0&nodeID=5000562& lang=de

Siemens. (05. 06 2008). *Siemens Bilddatenbank.* Abgerufen am 05. 06 2008 von http://www.automation.siemens.com/bilddb/index.asp?aktPrim=0&nodeID=5000562& lang=de

Tröster, F. (2005). *Steuerungs- und Regelungstechnik für Ingenieure.* München: Oldenbourg Wissenschaftsverlag GmbH.

8.4 Abbildungsverzeichnis